AF613414

NOTE

SUR

L'INERTIE DE LA MATIÈRE

PARIS

IMPRIMERIE DE A. QUANTIN

7, RUE SAINT-BENOIT, 7

1885

A monsieur Vuatrin, professeur
à la faculté de droit,
hommage de l'auteur
Ch. Save

NOTE
SUR
L'INERTIE DE LA MATIÈRE

NOTE

SUR

L'INERTIE DE LA MATIÈRE

I

Newton enseigne que « tous les corps persévèrent autant qu'ils peuvent, par une force d'inertie, dans leur état de repos ou de mouvement direct et uniforme [1] »; mais ces deux états des corps sont de pures fictions. Pour réduire ces fictions à leur juste valeur, il suffit de rechercher l'origine des idées qu'elles contiennent et de montrer *pourquoi* les idées de cette sorte sont inhérentes à l'entendement humain, bien qu'elles n'aient pas d'objets réels.

Les phénomènes du mouvement se produisent dans l'espace et à la surface de la Terre comme si la Terre était immobile. Or, si la

Terre est pour nous immobile, le ciel est mû ou il se meut de lui-même; mais du défaut de spontanéité dans le déplacement des graves qui çà et là jonchent le sol et n'y sont pas implantés, nous sommes plutôt portés à conclure que la matière est incapable de se mouvoir et que rien ne se meut sans avoir reçu le mouvement. Donc, suivant les lieux et les âges, des génies versent de leurs urnes intarissables les eaux des fleuves; ceux-ci soufflent les vents et mènent les tempêtes; d'autres dirigent le cours paisible des astres, ou bien, au commencement des choses, ces globes brillants furent lancés dans les cieux, pareils à d'énormes projectiles [2].

Cependant les graves qui gisent isolés sur le sol et que nous jugeons inertes appartiennent à la Terre [3], et la Terre tourne autour de son axe et circule autour du Soleil; le mouvement du tout est la somme des mouvements des parties, et toutes les parties de la Terre se meuvent [4]; puisqu'elles se meuvent en conservant les positions qu'elles occupent, on ne saurait induire de leur repos relatif que la matière soit mue par une force qui n'est pas en elle, et l'idée d'immobilité absolue, conforme à son objet tant qu'on ignore le double mouvement de notre globe, ne représente, une fois ce mouvement connu, qu'une erreur de nos sens [5].

Il en est de même de l'idée de mouvement direct, car nous cheminons sur la Terre comme à travers une plaine immense, entrecoupée de vallées et de montagnes ou n'offrant dans l'étendue de ses mers qu'un aspect uniforme si les vents n'agitent leur nappe liquide, de sorte que nous croyons vulgairement aller en ligne droite quand nous tenons, d'un point à un autre, la voie la plus courte, quand cette voie n'est infléchie ni par les dépressions ni par les saillies de la surface. Mais, que nous arrivions à connaître la rondeur de notre planète, le mouvement rectiligne sur une surface unie, mais convexe, à quelque moment de sa durée qu'on le considère, devient une évidente illusion. Et, pour diviser et vaincre la résistance de l'air, les mobiles de toute forme et de toute nature, les mobiles vivants et inanimés, ne portent point dans une seule et même direction leur masse entière à la fois : soit qu'ils ne quittent pas le sol, soit qu'ils s'élancent et progressent d'eux-mêmes dans l'atmosphère où qu'ils y soient projetés, ils fendent en oscillant ce milieu qui leur fait obstacle et les soutient. Or la résistance de l'air commence avec le mouvement, donc aussi l'oscillation qui le courbe [6].

Les révolutions périodiques des astres nous donnent l'idée de mouvement uniforme ; mais cette idée ne représente (quant à la vitesse) que le mouvement circulaire, et c'est par induction qu'on l'étend au mouvement direct dont il n'y a pas d'exemple dans les cieux, mais une fausse apparence sur la Terre.

Ainsi la Terre se meut, mais nous la voyons en repos, et du déplacement involontaire des corps qui participent à son mouvement, nous concluons que la matière est incapable de se mouvoir ; ainsi la forme du mouvement que nous nommons direct, encore qu'on la restreigne au mouvement initial, ne peut être que la moindre courbure du mouvement curviligne à cause de la rondeur de la Terre, à cause de la résistance que l'air oppose à tous les mobiles terrestres ; mais sur une surface unie dont la convexité échappe à notre vue bornée, nous jugeons de la forme du mouvement par la forme apparente de la voie, et nous négligeons l'oscillation inévitable qui sur cette surface et dans l'atmosphère le courbe dès sa naissance; ainsi l'uniformité nous apparaît seulement dans les révolutions des astres, mais on la transporte au besoin à un mouvement direct imaginaire, et, dominés par les nécessités de notre esprit autant que par le spectacle des choses extérieures, nous percevons encore parmi les vérités abstraites ces décevantes images, après en avoir constaté l'inanité.

En effet, si les phénomènes du mouvement ne tombent sous nos sens que par leur contraste avec ceux du repos, *nous ne saisissons les objets changeants de nos idées et nous n'apprécions leurs formes diverses qu'en les rapportant à des types immuables*[7]. Or ces types immuables, en ce qui touche notre monde matériel, sont nos idées mêmes dont nous avons la faculté de fixer les limites. De là nos concepts absolus, le cercle et la sphère, et l'immobilité intelligible quand on ne croit plus à l'immobilité réelle, et le mouvement direct uniforme lorsqu'on a reconnu que tous les mobiles se meuvent en ligne courbe et franchissent en des temps égaux des distances inégales[8]. Et nous pouvons aussi, en reculant indéfiniment leurs limites, étendre à ce point nos idées qu'elles n'ont plus d'objets certains, songer à l'éternelle durée et à l'espace immense; car j'ai l'idée distincte d'un jour ou du soleil parcourant une fois les cieux, d'un mois ou de la révolution de cet astre trente fois accomplie, du cercle des années et de celui des siècles; de même je conçois clairement et je mesure la distance de la terre au soleil : au contraire, un espace sans bornes, un temps indéterminé, échappent à mon estime et sont dans mon esprit des notions vagues et confuses[9].

II

Mais, si d'aucun phénomène du repos relatif, d'aucun mouvement communiqué à des parties de la terre qui déjà se mouvaient avec leur tout, il n'est permis de conclure que la terre et les corps célestes aient été immobiles un jour[10] et qu'ils aient reçu le mouvement[11]; si les idées de repos absolu et de mouvement direct uniforme ont leur origine dans les illusions de nos sens et dans notre penchant à l'induction irréfléchie; si elles ont leur cause ou leur raison d'être dans la faiblesse et dans les nécessités de notre intelligence flottant toujours en deçà ou au delà du réel; si elles se confondent avec ses produits, tels que les vérités abstraites des sciences exactes, nous sommes contraints, en spéculant sur la matière, de rejeter son inertie et d'avouer que le mouvement lui est essentiel.

Le mouvement n'est rien en dehors de la matière[12]; *donc sa forme n'est pas autre que la forme des mobiles, donc la forme des corps détermine leur mouvement*[13]. Et cette forme, passagère et caduque dans tout ce qui naît et périt ici-bas, nous ne la voyons ni commencer ni finir dans les corps célestes; mais, quelle que soit sa durée, elle est incessamment modifiée par le mouvement[14]. La forme et le mouvement de la matière qui sépare une vaine opération de la pensée sont donc, de fait, inséparables ; or la matière n'existe pas sans forme ; par conséquent, elle n'existerait pas immobile, ou ce n'est pas le mouvement qui modifie incessamment la forme des corps, et celle qui passe et dure peu et celle dont on ne voit ni les commencements ni la destruction.

Mais la forme des corps n'est pas seulement leur aspect extérieur, elle est encore, selon le sens complet du mot, leur constitution interne ; et, puisque le mouvement des corps exprime et reproduit leur forme, il nous révèle leur forme interne en même temps qu'il nous montre leur forme extérieure[15].

III

Au mouvement essentiel à la matière opposons son inertie en déduisant quelques conséquences de ces deux principes.

La matière inerte est en mouvement, mais elle a été tirée du repos; autrement, elle se mouvrait d'elle-même. Son mouvement naturel est direct et uniforme et elle le conserve autant qu'il est en elle. Ainsi la résistance de l'air retarde nos projectiles que la pesanteur ramène vers le sol; mais, sans la pesanteur et sans la résistance de l'air, ils continueraient uniformément jusque dans les profondeurs du ciel leur mouvement direct[16]. Lancés vers l'horizon avec une vitesse suffisante, et maîtrisés seulement par la pesanteur, ils deviendraient autant de satellites de notre globe[17], et, s'ils n'avaient à vaincre que la résistance de l'air, leur mouvement cessant peu à peu, ils se fixeraient dans ces régions où ne séjournent point les graves[18]. Mais ces prodigieux phénomènes seraient des effets sans causes; car, si l'on supprime par la pensée l'air et sa résistance, on supprime à la fois les moteurs vivants auxquels l'air est nécessaire et les mouvements qu'ils transmettent aux mobiles inanimés; si nos projectiles pouvaient s'égarer dans l'espace, y rester suspendus ou tourner autour de la terre, la terre pourrait-elle exister? *car son existence et sa conservation impliquent l'indissoluble union de ses parties*[19], *d'où la courte durée de leurs mouvements artificiels et l'indifférence des directions de ces mouvements*[20], *qui, toutes aboutissant à la terre, se perdent dans la direction commune du mouvement terrestre.*

La pesanteur et l'attraction solaire retiennent la lune et les planètes dans leurs orbites et les empêchent d'en sortir par la tangente; le mouvement curviligne de ces astres est une perpétuelle succession de chutes[21]; la Lune ne tombe pas sur la Terre, les planètes ne tombent point sur le soleil, parce qu'une force appelée centrifuge combat et balance l'attraction et la pesanteur. Mais les chutes successives de la Lune et des planètes de la ligne droite tangente qu'elles ne suivent pas aux courbes fermées qu'elles décrivent sont des chutes de fantaisie : tourner n'est pas tomber.

Les planètes, obéissant à deux forces ennemies, mais égales, devraient décrire d'un mouvement uniforme des orbites régulières. Cependant la vitesse de leurs mouvements de translation varie, leurs orbites sont faussées, notre monde menace ruine; mais Dieu soutient son œuvre chancelante[22], ou nulle catastrophe n'est à craindre, car les planètes, que le soleil attire, s'attirent entre elles en raison directe de leurs masses et inverse des carrés de leurs distances mutuelles, et les troubles qu'elles éprouvent, provenant de leurs attractions réciproques, ne détruisent pas l'égalité de ces deux forces dont l'antagonisme les enferme, d'après Newton, dans des ellipses constantes[23]. C'est pourquoi la Lune, petite planète, mais voisine de la nôtre, sans rompre l'harmonie des mouvements célestes, soulève l'Océan, soulève avec une puissance d'attraction supérieure ici à celle du Soleil la partie solide de la Terre plus vite que les eaux qui la recouvrent du côté opposé, et produit, en laissant ces eaux en arrière, le flux aux antipodes en même temps que sur nos rivages[24]. Mais la partie solide de la terre touche aux eaux qui forment le flux aux antipodes pendant que la Lune est sur notre horizon et les entraînerait plus vite, en vertu de la loi précitée, qu'elle n'est soulevée elle-même par notre satellite dont 95,640 lieues la séparent; mais l'attraction newtonienne, la gravitation, la pesanteur, sont des forces de même nature, puisqu'on proportionne leur énergie à la quantité de matière que les corps renferment[25], et la pesanteur est une force occulte et mystérieuse, distincte de la matière en laquelle pourtant elle réside et inventée pour faire tomber les corps[26], car la matière, incapable de se donner le mouvement et de changer celui qu'elle a reçu, se donnerait un mouvement et changerait celui qu'elle a reçu, par exemple, le mouvement de nos projectiles, si les corps, pour tomber, ne cédaient qu'à leur poids. Aussi le poids des corps n'est-il pas autre chose, au dire des newtoniens, que la résultante des actions de la pesanteur sur toutes leurs molécules; or nous mesurons leur poids et, partant, cette résultante à nos forces : nous portons une livre de fer plus facilement que cent livres, nous traînons un moellon avec moins de peine qu'un bloc énorme, et nous affirmons des corps et de la Terre ce qui n'est vrai que de nos relations avec les corps et de leurs relations entre eux; car *les différentes parties de notre globe que nous considérons isolément ne formant qu'un même tout auquel elles sont invinciblement unies, nulle de celles qui couvrent ou enveloppent sa surface, solide, fluide ou liquide, ne gravite vers lui et ne pèse sur lui plus qu'une autre; mais chacune occupe ou tend à occuper à cette surface le rang que comporte sa densité : ainsi les graves descendent en bas et les gaz légers montent en haut pour y prendre leur place naturelle.* On infère donc de l'action chimérique sur notre Terre d'une pesanteur chimérique la gravitation universelle des corps célestes et l'attraction réciproque des planètes en raison directe de leurs masses ; la vraie pesanteur ne diffère pas du poids des corps ; elle est l'effet apparent et sensible de l'union indissoluble des parties de la Terre, et, si l'on renverse les choses et qu'on la considère fictivement comme la cause de cette union, on peut dire qu'elle assure l'existence de notre globe en groupant ses molécules autour d'un centre commun, qu'elle contribue à l'isoler dans l'espace ainsi que les planètes dont les conditions d'existence sont les mêmes que celles de la

Terre[27], tandis que l'attraction tend à les confondre et, en détruisant leurs individualités, à détruire le système qu'elles composent.

La loi du carré des distances vient tempérer ce que l'attraction planétaire aurait de redoutable ; mais qu'importe cette autre conjecture tirée de la diminution de vitesse dans la chute des graves à mesure qu'on s'élève, des pôles à l'équateur, au-dessus du niveau des mers? *Les graves tombent moins vite d'un lieu plus élevé, parce que le mouvement de rotation de la Terre qui les emporte d'occident en orient contrarie leur chute en raison de son intensité, et que l'intensité de ce mouvement s'accroît avec l'altitude du lieu, et ils tombent plus vite, de l'équateur aux pôles, à mesure que la surface de la Terre s'abaisse et que son mouvement se ralentit*[28]*; mais, sous quelque latitude qu'ils tombent, leur vitesse est continuellement accélérée par le seul entraînement de leur poids.*

IV

Impossible sur la Terre, le mouvement droit n'est pas le mouvement naturel et initial des corps célestes, car les chutes fabuleuses des planètes et cette fausse induction dont on a fait leur puissance attractive ne justifient point la téméraire hypothèse qui l'a introduit dans leurs mouvements curvilignes[29]. Cette hypothèse écartée, le système astronomique qu'elle soutenait s'écroule; mais, si la forme des corps détermine leur mouvement, *les planètes sphéroïdales décrivent des courbes fermées dont les diamètres sont inégaux; lorsqu'elles quittent et reprennent alternativement leurs voies mathématiques dans leurs révolutions sans fin*[30], *de même que nos projectiles pendant leurs mouvements de courte durée*[31], *ces déviations qui faussent les orbites, ces retours qui les réparent, doivent être attribués aux défauts et aux qualités de la forme reproduite par le mouvement, non à des influences rivales et extérieures aux astres troublés; et ils impliquent une efficace résistance du milieu que traversent les planètes, car, dans le vide ou dans un éther dont il ne faudrait tenir aucun compte, ces mobiles de forme plus ou moins régulière ne s'attirant pas entre eux en raison de leurs masses se mouvraient tous avec une égale régularité* [32].

On affirme, en effet, avec le mouvement progressif et circulaire dans l'espace une distance à franchir, avec la distance un milieu qui la remplisse, et avec ce milieu une résistance qui le manifeste : mouvement, distance, milieu et résistance sont des termes qui s'engendrent [33].

Et toute distance suppose un but plus ou moins éloigné, non reculé à l'infini. Ce but, pour un mobile céleste, ne peut être un point idéal de l'espace, l'espace étant de soi indivisible; donc il est un corps autre que le mobile, donc un corps seul dans l'espace ne se mouvrait pas.

D'où il apparaît que les corps célestes sont essentiellement multiples, car ils n'existeraient pas sans se mouvoir; que leurs mouvements se composent de relations qui n'ont lieu qu'entre les corps, non entre les corps et le milieu incommensurable où ils s'exécutent; qu'étant donnés dans l'espace un but et un mobile, celui-ci ne saurait atteindre le but vers lequel il tend, car le but et le mobile venant à se rencontrer se confondraient ensemble, ce qui mettrait fin au mouvement, puisqu'un corps seul ne se mouvrait pas, mais qu'il ne doit point en être séparé par un immense intervalle, puisqu'il ne se meut qu'en se dirigeant vers lui; que le mobile doit tourner autour de ce but qu'il ne saurait atteindre, car, s'il ne tournait pas, il l'atteindrait ou il cesserait de se mouvoir. Or ce qui est vrai, dans l'espèce, d'un but et d'un mobile est également vrai de plusieurs. D'où il suit que le mouvement des corps célestes est par sa nature circonscrit dans de certaines bornes en deçà et au delà desquelles il deviendrait impossible; que ces corps, nombreux en théorie, de fait innombrables, alors que leur mouvement est limité en étendue, sont nécessairement distribués par groupes ou systèmes, et que l'un d'eux sert de centre à leurs révolutions. Dans quelles limites peuvent s'accomplir ces révolutions? Quelle cause agrandit les orbites des planètes et quelle cause les resserre? [33]

Les planètes se meuvent dans l'éther comme les projectiles dans notre atmosphère, en oscillant et en tournant sur elles-mêmes; les ellipses qu'elles décrivent dans leurs mouvements rotatoires sont proportionnelles à leur grosseur et à la régularité de leur forme; plus leur grosseur est considérable, plus grandes sont ces ellipses; plus leur forme est régulière, moindre est le balancement de leurs axes et plus étroit l'espace embrassé par la rotation des mobiles, et réciproquement. *Or les orbites des planètes sont le produit de leurs ellipses de rotation : elles croissent en étendue ou diminuent comme elles*; en d'autres termes, *les planètes décrivent des orbites dont les dimensions répondent, toutes proportions gardées, à la grandeur de leurs volumes, et se resserrent en raison de la régularité ou de la perfection de leur forme sphéroïdale, perfection qui n'a rien d'absolu* [34].

Les projectiles tombent comme tous les

graves, pour reprendre à la surface de leur tout le rang que comporte leur densité. L'air étant nécessaire à leur mouvement, la résistance de ce milieu n'influe point sur sa durée, si elle n'est excessive ou trop faible. Cela posé, elle n'est pas moindre pour les plus gros, plus grande pour les petits, mais les plus gros, chassés par une force de projection plus puissante, force que ne supportent pas les petits, franchissent les plus grandes distances.

On objecte que « si le diamètre des projectiles devient de plus en plus grand, la surface augmente comme son carré et la résistance de l'air à peu près dans le même rapport », que « le volume augmentant comme le cube du diamètre, la masse et par conséquent la quantité d'action possédée par le mobile croissent dans un plus grand rapport que la résistance », et que « l'air a de moins en moins d'influence sur le projectile pour en retarder la vitesse[35] ». Mais cette objection n'a trait qu'aux projectiles ronds, et *l'air résiste d'autant plus aux projectiles de même forme, quelle que soit cette forme, qu'ils en déplacent une plus grande quantité* [36]. Or cette quantité se mesure non seulement à la grandeur de leur surface, mais aussi à l'action générale de leur masse ou à la durée de leur mouvement, non seulement à l'espace momentanément occupé par les projectiles, mais de plus à celui qu'ils occupent successivement, c'est-à-dire à la longueur de la trajectoire, et la longueur de la trajectoire augmentant avec la masse, la quantité d'air déplacé et, partant, la résistance augmentent dans la même proportion.

Si, d'une part, l'air résiste d'autant plus aux projectiles qu'ils en déplacent une plus grande quantité, de l'autre, il leur résiste d'autant moins que la perfection de leur forme et la juste mesure de la force de projection à laquelle on les soumet rendent son déplacement plus facile.

Ainsi, trouver pour les projectiles la forme la plus parfaite avec la force de projection convenable, c'est assurer à leur mouvement toute la durée qu'il peut avoir, car, s'il est limité par leur dépendance de la Terre, l'obstacle qui l'abrége encore est en eux et dans un excès ou dans un défaut de force motrice[37]; il n'est point dans l'atmosphère dont l'état peut leur être plus ou moins favorable, mais sans laquelle ils ne recevraient pas le mouvement.

Ainsi la perfection de la forme allonge les trajectoires des projectiles et resserre les orbites des planètes, et son imperfection agrandit les orbites et raccourcit les trajectoires. Or cette différence d'effets produits par une même cause résulte des conditions du mouvement sur la Terre et dans les cieux, car les planètes ne se meuvent qu'en convergeant vers un centre de ralliement qu'elles n'atteindront jamais, et les projectiles qu'en s'éloignant de la surface terrestre où leur densité les ramène toujours; d'où il suit que leur mouvement, accompli du reste dans un milieu résistant, est une continuité d'efforts, efforts sujets à des alternatives de moindre et de plus grande intensité, mais impliquant l'activité des mobiles, efforts éternels dans les corps célestes[38], mais qui cessent dans les projectiles avec leur mouvement progressif; que pour les projectiles le mouvement le plus puissant est égal à sa plus longue durée, pour les corps célestes, eu égard à leurs volumes, à la moindre étendue de ses limites; mais, comme les projectiles les plus gros et les corps célestes les plus volumineux décrivent les plus grandes orbites et les plus longues trajectoires, les moins imparfaits ou les plus aptes au mouvement, les orbites et les trajectoires les plus régulières, projectiles et corps célestes se meuvent d'après les mêmes lois.

SCHOLIE

Le mot inertie (Ἀτεχνία, in-ars) exprime une qualité négative des êtres animés et inanimés, le défaut d'activité et d'industrie des premiers, et dans le langage figuré l'immobilité des seconds: on dit d'un homme qu'il est inerte, lorsque par incapacité ou paresse il ne se livre à aucun travail, et ainsi d'un objet inanimé qui ne se déplace ni ne se meut spontanément. Mais, en dotant la matière d'une force de résistance qui la maintient à l'état de repos ou de mouvement direct uniforme tant qu'une cause étrangère ne vient pas modifier cet état, Newton a mis en honneur l'inertie dans le mouvement, genre nouveau d'inertie indiqué par Képler [39]; ensuite il a trouvé sans peine la pesanteur, car, tous les mouvements terrestres étant curvilignes, tous les graves tombant dès qu'ils ne sont pas soutenus, il faut, s'ils ne peuvent tomber d'eux-mêmes, si le mouvement naturel des corps est direct, qu'une force que les corps ne possèdent pas, quoiqu'elle réside en eux, infléchisse les mouvements et fasse tomber les graves; et, si cette force existe, il est bon, pour qu'elle soit utile et qu'elle ait sa raison d'être, qu'il y ait des mouvements droits à infléchir, des graves inertes à entraîner.

Newton explique avec la même logique les mouvements planétaires. Le mouvement direct, effet d'une impulsion primitive, et la force centrifuge disperseraient les planètes à travers l'espace; mais la gravitation (c'est le nom de la pesanteur dans les cieux) les préserve de s'engloutir dans cet abîme en les détournant à chaque instant de la voie rectiligne [40]. La gravitation pousserait les planètes les unes contre les autres et les précipiterait sur le soleil; mais la force centrifuge, dans sa lutte avec elle, redressant le mouvement direct ou s'efforçant de le redresser sans cesse, les retient à distance de leur centre de révolution et à leurs distances respectives [41].

Cependant, les ellipses planétaires étant variables, les forces que Newton met aux prises et dont l'égalité devait, dans sa pensée, assurer la constance de ces ellipses, semblent tour à tour victorieuses et vaincues. Newton qu'effraye ce désordre compte, pour le réparer, sur une intervention divine ; mais ses disciples ont su déterminer la marche d'un astre soumis aux actions attractives de deux autres astres, et depuis la solution du problème des trois corps, depuis que Saturne, de par la savante analyse de Laplace, ne doit plus déserter notre système, ni Jupiter s'enfoncer, par une marche inverse, dans la matière incandescente du Soleil, ils contemplent en sécurité les péripéties des conflits célestes[12] : les planètes, exerçant entre elles des attractions réciproques, quittent impunément, tantôt à droite, tantôt à gauche, leurs routes géométriques, pour les reprendre et les quitter encore, et fournissent de chute en chute leur carrière sans risque de s'entre-choquer ni de s'égarer dans l'éther. Leurs écarts, il est vrai, composent un dédale d'où l'astronome ne sort plus une fois qu'il y est entré, car ses calculs de la veille, trop souvent démentis par les observations du lendemain, ne lui permettent pas d'atteindre les perturbations nombreuses, perpétuellement changeantes, qui, outre les grandes inégalités, tant séculaires que périodiques, déforment les ellipses des planètes[13].

La chute des graves se ralentit à mesure qu'on s'élève au-dessus du niveau des mers. Newton attribue ce ralentissement à une diminution de la pesanteur; pour établir la loi de cette diminution, il démontre que les molécules d'une sphère, uniformément distribuées dans son volume, agissent sur un point extérieur comme si elles étaient toutes réunies au centre de la sphère, qu'à la distance 2 de ce même centre la sphère qu'il imagine attire les corps situés en dehors de sa surface 4 fois moins qu'à la distance 1, qu'elle les attire 9 fois moins à la distance 3, 100 fois moins à la distance 10, et ainsi de suite[14]; puis, vérifiant cette démonstration sans base sérieuse par la chute de la Lune pendant une seconde vers la Terre supposée sphérique ou presque sphérique et par celle d'un corps terrestre tombant de la région de la Lune en un même espace de temps[45], Newton en induit l'affaiblissement des attractions du Soleil et des planètes en raison des carrés de leurs distances. Or l'intensité de la rotation de notre globe s'accroît avec la hauteur des lieux ou leur éloignement de son centre ; par conséquent, les graves tombent moins vite lorsqu'ils tournent plus vite avec la Terre, et les planètes tomberaient plus lentement lorsque, dans leurs aphélies, elles tournent plus lentement autour du Soleil.

Et quelle est la nature ou la cause de la pesanteur ? Newton l'ignore [46]. Mais, si la matière est inerte, les corps ne pouvant s'attirer par leur propre vertu, la cause ignorée qui fait qu'ils s'attirent est immatérielle ou plutôt un concept mathématique ; et deux idées sans objets dans le domaine de la réalité, le mouvement direct uniforme et l'immobilité intelligible, forment toute la preuve de l'inertie, de sorte que, pour suppléer à l'insuffisance de cette preuve théorique par une preuve positive, on est réduit à prendre, comme sujet d'expérience, un corps quelconque non fixé au sol, mais un morceau de la Terre, qui se meut avec la Terre d'un mouvement curviligne et varié. Ce corps ne changeant point de place sans qu'on le pousse ou qu'on le transporte dans une autre montre par là son indifférence au mouvement; on le jette en l'air, il retombe : sa chute involontaire atteste son indifférence au repos. Mais laissons ces fictions, ces hypothèses et ces sophismes [47].

Le mouvement naturel de la matière est le mouvement que les corps accomplissent; parce qu'il n'est rien par lui-même, leur forme le détermine, et les planètes décrivent des courbes fermées, plus ou moins régulières, sans qu'elles soient détournées de leur première direction et sans qu'elles soient troublées dans leur marche; parce que les mouvements des planètes, circonscrits dans l'immensité, se composent de leurs relations avec un astre central et de leurs relations mutuelles, elles sont groupées en système; parce que leurs orbites sont le produit de leurs ellipses de rotation, les dimensions de ces orbites augmentent avec les volumes des planètes et se resserrent avec la perfection de leur forme sphéroï-

dale ou leur aptitude au mouvement, et vice versa ; *parce que les parties de la Terre n'ont pas d'existence indépendante de leur tout et qu'elles n'en peuvent être séparées, tous leurs mouvements sont liés à son mouvement générateur, et ils en procèdent immédiatement, comme les mouvements des mers et ceux de l'atmosphère, ou médiatement, comme nos mouvements artificiels; parce que les corps occupent à la surface de la Terre le rang que comporte leur densité, la densité des graves est l'unique cause de leur chute ; enfin, parce que la Terre se meut, nous paraissons donner, mais nous ne donnons pas, à proprement parler, le mouvement à la matière quand nous la tirons de son repos relatif, et nous ne changeons qu'en apparence celui dont elle est animée, parce que nous ne pouvons interrompre, retarder ni accélérer le mouvement terrestre qui emporte nos mobiles, parce que leurs directions, diverses ou contraires par rapport à nous, s'unissent et se confondent dans une même direction finale.*

NOTES

1. *Materiæ vis insita est potentia resistendi qua corpus unumquodque, quantum in se est, perseverat in statu suo vel quiescendi vel movendi uniformiter in directum.*

Hæc semper proportionalis est suo corpori neque differt quicquam ab inertia massæ nisi in modo concipiendi. Per inertiam materiæ fit, ut corpus omne de statu suo vel quiescendi vel movendi difficulter deturbetur. Unde etiam vis insita nomine significatissimo vis inertiæ dici possit

Newton, *Philosophiæ naturalis principia mathematica, definitiones*, defin. III.

2. D'éminents philosophes ont enseigné que le monde se meut de lui-même, mais l'opinion vulgaire a prévalu dans tous les temps.

3. Inertes, c'est-à-dire immobiles.

4. *Motus totius est summa motuum in partibus singulis.*

Motus proprietas est quod partes, quæ datas servant positiones relative ad tota, participant motus eorumdem totorum.

Newton, defin. II, *Scholium.*

5. En vain la raison met notre globe au nombre des astres errants, en vain, dans le cours des siècles, maints accidents naturels changent en divers lieux l'aspect de sa surface; si la terre tourne et nous emporte à travers les mondes, nous voyons le ciel tourner autour d'elle, et nous retrouvons à la même place le champ et le foyer dont nous nous étions éloignés; si quelque commotion du sol ici renverse une cité, là submerge des campagnes florissantes, ailleurs fait sortir une montagne du sein des eaux, ces phénomènes prennent rang dans nos souvenirs comme des mouvements extraordinaires; mais, restreints aux temps et aux lieux où ils s'accomplissent, ils ne sauraient prévaloir, dans la formation de nos idées, sur l'influence d'un phénomène permanent, tel que l'immobilité toujours visible de notre planète, tandis que son mouvement reste à jamais caché à nos regards.

6. Voyez, chapitre III, la réfutation des puériles hypothèses de Newton sur le mouvement idéal des projectiles à la surface d'une terre sans atmosphère.

7. L'homme aurait le vertige s'il voyait des yeux du corps le mouvement universel et incessant de la matière, et s'il ne pouvait ramener ses idées mobiles, représentation de la réalité changeante, à des formes ou modèles immuables, son esprit incertain, vacillant, ne distinguerait rien et ne se prendrait à rien au milieu de cette diversité et de cette agitation.

Les archétypes de Platon, idées éternelles que Dieu a mises dans notre âme, forment, d'après ce philosophe, le fond de notre intelligence, mais en sont indépendants.

Has rerum formas appellat ideas ille non intelligendi modo, sed etiam dicendi gravissimus auctor et magister, Plato; easque gigni negat, et ait semper esse ac ratione et intelligentia contineri, cetera nasci, occidere, fluere, labi nec diutius esse uno et eodem statu.

CICÉRON, *orator.*

8. Concepts absolus. Idées dont les objets sont parfaits, en ce sens qu'on ne peut, sans les détruire, y rien ajouter ni en rien retrancher. Telles sont les idées de cercle, de sphère, etc.

9. Les idées de temps et d'espace infinis sont évidemment distinctes entre elles, mais elles deviennent confuses lorsqu'on les considère isolément : penchés sur un abîme, nous perdons peu à peu la vue nette des objets.

10. Un jour, *olim.*

11. Ou la terre et les astres ont reçu du Créateur le mouvement et la forme à la fois, ou, par deux actes successifs, la forme d'abord, puis le mouvement.

Dans le premier cas, on ne peut nier que le mouvement leur soit essentiel, puisqu'ils n'ont pas existé sans se mouvoir; dans le deuxième cas, Dieu aurait fait ce que nous faisons nous-mêmes quand nous façonnons des projectiles et que nous les lançons dans l'espace. De ces deux conceptions quelle est la plus digne de Dieu?

12. Le mouvement d'un corps est ce corps se mouvant : les nécessités du langage nous obligent à séparer de leur sujet des qualités qui n'existent pas hors de lui.

13. Copernic, en adoptant le principe qui fut le plus cher aux anciens, ne sut pas éviter leurs erreurs : il crut aux formes sphériques, aux mouvements circulaires et réguliers. « Une sphère, dit-il, se meut circulairement; elle exprime sa forme par son mouvement même. Ce mouvement n'a ni commencement ni fin que l'on puisse distinguer, et il revient sans cesse sur soi par des révolutions successives. »

Post hæc memorabimus corporum cœlestium motum esse circularem. Mobilitas enim sphœræ est in circulum volvi, ipso motu suam formam exprimentis, in simplicissimo corpore, ubi non est reperire principium, nec finem, nec unum ab altero secernere, dum per eadem in se ipsum movetur.

COPERNIC, *De revolutionibus corporum cœlestium lib. I,* cap. II.

14. Le mouvement moléculaire échappe à nos sens : nous le constatons lorsqu'il est accompli.

15. Soient deux balles sphériques fondues dans le même moule, mais à des époques différentes et assez éloignées l'une de l'autre. Le centre de gra-

vité de la balle fondue la première s'étant déplacé par suite de la dégradation du projectile, et ne coïncidant plus avec le centre de figure, sera une cause de déviations qui n'affecteront pas le mouvement de la balle fondue en dernier lieu. On peut donc, d'après les déviations plus ou moins grandes de deux projectiles, quand leur forme extérieure n'offre pas de différences sensibles, juger approximativement de leur forme intérieure.

La marche irrégulière d'un homme sans difformités apparentes, mais dont le cerveau a éprouvé quelque désordre par suite d'une violente commotion, est un autre exemple de la forme interne d'un corps révélée par son mouvement.

16. *Projectile, si vi gravitatis destitueretur, non deflecteretur in terram, sed in linea recta abiret in cœlos, idque uniformi cum motu, si modo aeris resistentia tolleretur.*

17. *Si globus plumbeus, data cum velocitate secundum lineam horizontalem a montis alicujus vertice vi pulveris tormentarii projectus, pergeret in linea curva ad distantiam duorum milliarium, priusquam in terram decideret : hic dupla cum velocitate quasi duplo longius pergeret, et decupla cum velocitate quasi decuplo longius, si modo aeris resistentia tolleretur. Et augendo velocitatem augeri posset pro lubitu distantia in quam projiceretur, et minui curvatura lineæ quam describeret, ita ut tandem caderet ad distantiam graduum decem vel triginta vel nonaginta, vel etiam ut terram totam circuiret.*

18. *Perseverat enim corpus in omni statu novo per solum vim inertiæ.*

NEWTON, Defin. V, Defin. IV.

19. Si l'on conteste cette proposition, il sera temps de la prouver quand les newtoniens auront envoyé un projectile dans la Lune.

20. Que ces mouvements soient dirigés du nord au sud ou du sud au nord, de l'est à l'ouest ou de l'ouest à l'est.

21. *Et eadem ratione qua projectile, vi gravitatis, in orbem flecti posset, et terram totam circuire, potest et luna, vel vi gravitatis, si modo gravis sit, vel alia quacunque vi qua in terram urgeatur, retrahi semper a cursu rectilinéo terram versus, et in orbem suum flecti; et sine tali vi luna in orbe suo retineri non potest. Hæc vis, si justo minor esset, non satis flecteret lunam de cursu rectilineo; si justo major, plus satis flecteret, ac de orbe suo terram versus deduceret. Requiritur quippe ut sit justæ magnitudinis.*

NEWTON, Defin. II.

Voyez, dans un traité d'astronomie, la théorie du mouvement curviligne de la Lune et des planètes.

22. « Les excentricités des ellipses planétaires sont variables. » — « Ces ellipses s'approchent ou s'éloignent insensiblement de la forme circulaire: leurs inclinaisons sur un plan fixe augmentent ou

diminuent; leurs périhélies et leurs nœuds sont en mouvement. » — Les faibles valeurs de ces variations, en s'ajoutant à la suite des siècles, doivent elles amener un changement dans le système du monde tel qu'il nous est apparu? Cette pensée décourageante s'empara de Newton; l'immortel auteur des *Principes* douta de son œuvre; il alla jusqu'à supposer que le système planétaire ne renfermait pas en lui-même des éléments de conservation indéfinie; il croyait qu'une main puissante doit intervenir de temps à autre pour réparer le désordre. »

LAPLACE, *Exposition du système du monde,* liv. IV, ch. II. — ARAGO, *Astronomie populaire,* liv. XXIII, ch. IV.

23. Les disciples de Newton ont ramené et soumis à la loi de l'attraction ces troubles des mouvements planétaires, qui, au jugement du maître, en étaient la violation manifeste.

24. La Lune étant peu éloignée de la Terre, l'effet que produit son action sur les marées est, dit-on, malgré la petitesse de sa masse, l'effet principal; l'action du Soleil serait à peu près la moitié de celle de la Lune. La Lune soulevant la Terre, la Terre maintenant la Lune dans son orbite et l'y ramenant après ses évections, ressemblent à des poids inégaux qui feraient pencher tour à tour les deux plateaux d'une balance.

25. Les corps ne gravitant que parce qu'ils sont attirés, l'attraction et la gravitation sont des

forces identiques; toutefois on peut distinguer, si l'on veut, l'attraction de la gravitation, comme on distingue la cause de l'effet.

26. « Un corps abandonné à lui-même tombe vers la Terre; mais un corps inerte, c'est-à-dire dépourvu de volonté, indifférent au repos comme au mouvement, ne peut se mouvoir, ne peut tomber, ne peut marcher de haut en bas, que si une force l'y oblige. »

ARAGO, *Astronomie populaire*, liv. XXIII, ch. II.

27. Les planètes, isolées de fait, le sont encore théoriquement : elles ne peuvent se rencontrer, se heurter, ni tomber sur le Soleil, et cela, sans le secours d'une force centrifuge. Voy. ch. IV.

28. De là l'inégale durée des oscillations du pendule aux différents points de la surface terrestre : elles sont plus lentes ou plus rapides selon la grandeur des cercles que décrivent ces points dans le même temps autour de l'axe de notre globe, et la grandeur des cercles qu'ils décrivent répond à leur distance à l'équateur et à leur altitude.

29. Fausse induction, qui consiste à conclure du produit chimérique de la pesanteur par la masse des corps terrestres, c'est-à-dire du poids des corps que nous mesurons à nos forces, la gravitation des corps célestes en raison de la quantité de matière qu'ils contiennent.

30. Voies mathématiques. Orbites régulières et fictives que tracent les astronomes, et dont les planètes s'éloignent ou s'approchent plus ou moins.

31. « Les projectiles dévient dans deux sens opposés, à droite dans la première partie de leur courbe, et à gauche vers la fin de la trajectoire. La première partie de la courbe peut être à double courbure. — Un plan vertical passant par la bouche du canon coupe la courbe en trois points. »

PIOBERT, *Traité d'artillerie.*

Les newtoniens ne paraissent guère comprendre les effets de la résistance de l'air et l'influence de la forme sur le mouvement des projectiles: à la stupéfaction des gens qui ont quelque connaissance de la balistique, ils nous montrent le mouvement de la Terre dans les déviations du pendule. Or le pendule, écarté de la verticale, abandonné à lui-même et projeté par son poids, devient un projectile captif.

32. Les astronomes, dans leurs calculs sur les perturbations des mouvements des planètes et des comètes, supposent que les astres se meuvent dans le vide ; ils ne tiennent aucun compte de la matière éthérée qui remplit l'univers. Cependant Newton admet qu'une certaine résistance de ce milieu, résistance plus faible que celle que nos projectiles éprouvent dans l'atmosphère, peut avec le temps mettre fin aux mouvements planétaires.

Projectilia perseverant in motibus suis nisi quatenus ab resistentia aeris retardantur et vi gravitatis impelluntur deorsum; — majora autem planetarum et cometarum corpora motus suos et progressivos et circulares in spatiis minus resistentibus factos conservant diutius.

NEWTON, *Axiomata sives leges motus*, lex. I.

« Mathématiquement parlant, si on ne parvient pas à trouver une cause compensatrice de la résistance éprouvée dans l'éther par les mobiles célestes, il sera établi qu'après un laps de temps suffisant, composé peut-être de plusieurs milliards d'années, la Terre, par exemple, ira se réunir au soleil. »

ARAGO, *Astronomie populaire*, liv. XXIII, ch. VI.

Mais, pour que deux planètes se rencontrassent, pour qu'un choc eût lieu entre elles, il faudrait qu'elles eussent à la fois le même volume et la même forme. L'humanité n'a donc pas à craindre que la Lune vienne jamais se réunir à la Terre ni que la Terre tombe sur le Soleil.

33. Dans le système de Newton, les planètes sont arbitrairement groupées autour du Soleil; du moins Newton n'indique pas la loi de leurs distances à cet astre.

Perseverabunt quidem (planetæ), in orbibus suis per leges gravitatis, sed regularem orbium situm primitus acquirere per hasce leges minime potuerunt.

NEWTON, *De mundi systemate,* lib. III, scholium generale.

34. On vérifie cette loi qui détermine la grandeur des orbites planétaires, en résolvant le problème suivant : étant donnés les volumes des planètes et leurs distances moyennes au soleil, trouver la vitesse plus ou moins grande de leurs mouvements de rotation.

35. Piobert.

36. Pour apprécier la résistance que l'air oppose à leur mouvement, on ne peut comparer entre eux des projectiles de masses différentes qu'autant qu'ils ont la même forme, par conséquent, qu'ils sont de même métal et qu'ils ont été construits à la même époque, afin que leur dégradation soit la même ou à peu près la même.

37. Nous ne voulons parler ici que de l'influence de la forme et de la force motrice sur le mouvement des projectiles, négligeant à dessein, parce qu'elles devraient être traitées spécialement et qu'elles s'éloignent de notre sujet, les autres causes qui peuvent nuire ou contribuer à la régularité de ce mouvement.

38. Efforts éternels, dont on ne peut prévoir la fin.

39. Le mouvement des corps dans un milieu résistant, par suite de ses inégalités et de son action

incessante sur leur forme, est un changement d'état continuel. Il a donc fallu, pour faire d'un corps qui se meut, un corps inerte, le supposer animé dans le vide d'un mouvement dont la vitesse est toujours la même, d'un mouvement sans action sur une forme inaltérable. Tel est le mouvement direct que Képler et Newton ont emprunté aux philosophes atomistes et qu'ils regardent comme le premier et naturel mouvement des corps. Mais les poétiques atomes se mouvant de toute éternité, le mouvement leur était essentiel.

40. *Planetæ perpetuo retrahuntur à motibus rectilineis et in lineis curvis revolvi coguntur.*

NEWTON, definitio V.

Les déviations des atomes qui se poursuivaient directement dans le vide en gardant entre eux les mêmes distances, leurs rencontres fortuites, leur mêlée, ayant produit les mondes, les épicuriens pensaient que les corps célestes tendent toujours à sortir de leurs orbites et à revenir au mouvement droit, leur mouvement élémentaire. — Voyez Théon d'Alexandrie, *Commentaire sur l'Almageste.*

41. La force centrifuge, sans la pesanteur, n'a pas de raison d'être. Or on a fait disparaître la pesanteur comme un agent inutile pour faire tomber les graves et courber les mouvements des planètes.

42. Arago, au livre XXIII de son Astronomie,

raconte les alarmes des sociétés savantes qui, ne sachant expliquer par l'attraction newtonienne les perturbations en sens inverse de Saturne et de Jupiter, parce qu'elles croissent de siècle en siècle, prévoyaient dans un avenir lointain, mais inévitable, la ruine du système solaire. Ces alarmes cessèrent quand Laplace eut démontré que le système oscille autour d'un état moyen dont il ne s'écarte jamais que d'une très petite quantité.

En partant de principes différents, on arrive à la même conclusion que le célèbre géomètre : tout change dans notre monde planétaire et tout se répare avec le temps. La modification de la forme des planètes amène une modification analogue de leurs orbites; or la forme des planètes, modifiée par leur mouvement, s'approche ou s'éloigne tour à tour de la forme sphérique : donc leurs orbites s'approchent ou s'éloignent de même de la forme circulaire.

43. « Les perturbations du mouvement elliptique des planètes peuvent être partagées en deux classes très distinctes; les unes affectent les éléments du mouvement elliptique et croissent avec une extrême lenteur : on les a nommées *inégalités séculaires*. Les autres dépendent de la configuration des planètes, soit entre elles, soit à l'égard de leurs nœuds et de leurs périhélies, et se rétablissent toutes les fois que ces configurations redeviennent les mêmes : on les a nommées *inégalités périodiques* pour les distinguer des *inégalités séculaires* qui sont également *périodiques*, mais dont les pé-

riodes beaucoup plus longues sont indépendantes de la configuration des planètes. »

LAPLACE, *Exposition du système du monde*, liv. IV, ch. III.

44. Newton, lib. I, sectio XII, prop. LXXI, theor. XXXI.

45. Newton, lib. III, prop. IV, theor. IV.

On a mesuré la chute hypothétique de la Lune en une seconde d'un point T, extrémité d'une ligne droite tangente que la Lune devrait suivre, à un point M de son orbite : 0^{m}, 001360. De quelle fraction de mètre tomberait en un temps aussi court un corps terrestre élevé à la hauteur de notre satellite?

« L'espace que parcourt un corps en une seconde, à Paris, quand il est abandonné à lui-même à la surface de la Terre, quand, en d'autres termes, il est à 1,591 lieues du centre, est de 4^{m} 9. Pour avoir la quantité dont il tomberait si on l'éloignait de ce même centre jusqu'à la région de la Lune, c'est-à-dire à 95,640 lieues, réduisons le nombre précédent dans le rapport du carré des distances. Le résultat de ce calcul très simple se trouve être, avec une étonnante exactitude, la valeur numérique de la quantité M T, telle que nous l'avions déduite de la vitesse de la Lune et des dimensions de son orbite. On trouve, en effet, de cette manière 0^{m} 001352 pour la chute de la Lune vers la Terre en une seconde. »

ARAGO, *Astronomie populaire*, liv. XXIII, ch. II.

46. *Hactenus phænomena cœlorum et maris nostri per vim gravitatis exposui; — rationem vero gravitatis proprietatum ex phænomenis nondum potui deducere, et hypotheses non fingo. — Et satis est quod gravitas revera existat et agat secundum leges a nobis expositas, et ad corporum cœlestium et maris nostri motus omnes sufficiat.*

NEWTON, lib. III, Scholium generale.

47. *Qui speculationum suarum fundamentum desumunt ab hypothesibus, etiamsi deinde secundum leges mechanicas accuratissime procedant, fabulam quidem elegantem forte et venustam, fabulam tamen concinnare dicendi sunt.*

ROGERUS COTTES, *Philos. natur. principia math., præfatio editoris.*

Paris. Typ. A. Quantin

Quantin imprimeur
S Benoit, 7 a Paris

www.ingramcontent.com/pod-product-compliance
Ingram Content Group UK Ltd.
Pitfield, Milton Keynes, MK11 3LW, UK
UKHW021132230726
13926UKWH00002B/750